Ernst Probst

Das Magdalénien

Die Blütezeit der Rentierjäger
vor etwa 15.000 bis 11.500 Jahren

Impressum:
1. Auflage als Print-Buch / März 2019
Autor: Ernst Probst
Im See 11, 55246 Mainz-Kostheim
Telefon: 06134/21152
E-Mail: ernst.probst (at) gmx.de
Herstellung: Amazon Distribution GmbH, Leipzig
Alle Rechte vorbehalten
ISBN: 978-1798090527

*Rentierjagd zur Zeit des Magdalénien in Süddeutschland.
Gemälde von Fritz Wendier (1941—1995) für das Buch
„Deutschland in der Steinzeit" (1991) von Ernst Probst*

Rentierjagd zur Zeit des Magdalénien in Süddeutschland. Gemälde von Fritz Wendler (1941—1995) für das Buch „Deutschland in der Steinzeit" (1991) von Ernst Probst

Vorwort

Um die Blütezeit der eiszeitlichen Rentierjäger in Deutschland vor etwa 15.000 bis 11.500 Jahren geht es in dem kleinen Taschenbuch „Das Magdalénien" des Wissenschaftsautors Ernst Probst. Es war die Zeit, in der sich die weit vorgestoßenen skandinavischen und alpinen Gletscher immer mehr zurückzogen. Zeitweise lagen die Durchschnittstemperaturen etwa um 6 bis 8 Grad niedriger als heute. Zwergstrauchtundren mit Zwergbirken und Zwergweiden beherrschten die Landschaft. In den Tundren lebten große Herden von Wildpferden und Rentieren, die man mit Speeren und Harpunen erlegte. Im Vergleich zu heute hielten sich nur wenige Menschen im Gebiet von Deutschland auf. Die Zahl der Magdalénien-Leute in Baden-Württemberg beispielsweise wird auf etwa 1.000 Männer, Frauen und Kinder geschätzt. Gegenwärtig sind es rund 11 Millionen. Männer erreichten nur eine Höhe bis zu 1,60 Meter und Frauen bis zu 1,55 Meter. Als Wohnstätten dienten der helle Eingangsbereich von Höhlen, Zelte und Hütten. Merkwürdigerweise stellte man auf Kunstwerken viele Frauen ohne Kopf und Füße sowie nur wenige Männer dar.

Das Magdalénien

In den Jahrtausenden zwischen dem Ende des Gravettien vor etwa 21.000 Jahren bis zum Beginn der nächsten Kulturstufe, dem Magdalénien, vor etwa 15.000 Jahren waren die Landstriche West- und Ostdeutschlands zeitweise menschenleer oder zumindest dünn besiedelt. Zwischen 19.000 und 17.000 Jahren haben Eiszeit-Jäger im Wäschbachtal bei Wiesbaden-Igstadt gelagert. Das ergaben neun C14-Datierungen und zwei TL-Datierungen in Oxford.
Die Freilandstation Wiesbaden-Igstadt wurde von dem Hobby-Archäologen Albert Kratz aus Wiesbaden entdeckt, der seit 1985 planmäßig die Fluren entlang des Wäschbachtales begeht. Im Oktober 1991 erfolgte die erste dreiwöchige Sondage. Danach nahm der Prähistoriker Thomas Terberger im Sommer 1992 und im Sommer 1995 Grabungen vor. Die Verbreitung der Steinartefakte auf einer Fläche von mehr als 60 Quadratmetern lässt auf drei Fundkonzentrationen schließen. Zwei davon lagen um eindeutige Feuerstellen, die man wegen angebrannter Knochen und der Knochenkohle erkannte.
Zum Fundgut von Wiesbaden-Igstadt gehören insgesamt 2.691 Steinartefakte mit einem Gesamtgewicht von 6.685 Gramm. Mehr als 99 Prozent davon wurden aus Chalzedon hergestellt, das im Umkreis von maximal 20 Kilometern beschafft werden konnte. Tertiärquarzit, Hornstein und ein unbestimmter Silex könnten aus größerer Entfernung stammen. Ein Abschlag aus Opal ist mit Material aus dem Siebengebirge vergleichbar. Neben Steinartefakten hat man auch Knochen, Hämatitreste und Muschelschalen (darunter ein Depot) geborgen.

Besonders lebensfeindlich dürfte das Hochglazial der norddeutschen Weichsel-Eiszeit bzw. der süddeutschen Würm-Eiszeit gewesen sein (beide vor etwa 20.000 bis 18.000 Jahren). In diesem Hochglazial näherten sich die skandinavischen und alpinen Gletscher einander bis auf eine Distanz von rund 600 Kilometern. Sie erreichten damit innerhalb der letzten Eiszeit ihre größte Ausdehnung.
Das Hochglazial der norddeutschen Weichsel-Eiszeit begann mit dem Brandenburger Stadium vor etwa 20.000 Jahren. Damals stießen die weichsel-eiszeitlichen Gletscher am weitesten vor, nämlich bis nach Brandenburg. Das Eis bedeckte unter anderem die Gebiete um Kiel, Lübeck, Berlin und Frankfurt an der Oder. Hamburg wurde nicht ganz erreicht. Im Brandenburger Stadium entstand das Glogau-Baruther-Urstromtal. Im folgenden Frankfurter Stadium kreuzte das Gletschereis bei Frankfurt die Oder. Damals wurde das Warschau-Berliner Urstromtal gebildet. Mit dem Pommerschen Stadium, in dem die Gletscher nur noch bis Stettin reichten, endete das Hochglazial im nördlichen Mitteleuropa.
In Süddeutschland bedeckten die würm-eiszeitlichen Gletscher – mit Ausnahme weniger eisfreier Gebiete – das Alpenvorland vom Bodensee bis nach Salzburg. Auf manchen Alpentälern lastete bis zu 1.500 Meter mächtiges Eis. Im Alpenvorland war das Eis noch 500 bis 800 Meter dick. Die Alpengletscher reichten in der süddeutschen Würm-Eiszeit bis Bad Schussenried in Oberschwaben, Kaufbeuren, Fürstenfeldbruck, Starnberg, Seesburg, über Waserburg hinaus sowie fast bis nach Burghausen an der Salzach. Im Schwarzwald waren im Hochglazial die Berge Blauen, Belchen, Schauinsland, Feldberg, Kandel und Ruhrhardsberg vereist. Von dort gingen bis zu 20 Kilometer weite Gletscherstöße aus. Der Titisee im Schwarzwald war in dieser Zeit ein Gletschersee.

Französischer Prähistoriker Gabriel de Mortillet (1821–1898).
Auf ihn geht der Begriff Magdalénien zurück.
Foto (via Wikimedia Commons),
Lizenz: gemeinfrei (Public domain)

Im Hochglazial gefror der Boden sogar im eisfreien Gebiet in allen vier Jahreszeiten mehrere Meter tief, im Sommer taute er nur an der Oberfläche auf. Über dieser „Ewigen Gefrornis" (Permafrost) konnte sich lediglich eine klimatisch anspruchslose Tundrenvegetation behaupten. In der baumlosen Landschaft weideten die extreme Kälte vertragenden Mammute und Fellnashörner.

Das auf das Gravettien folgende Magdalénien fiel bereits in das Spätglazial (etwa vor 18.000 bis 10.000 Jahren). Das Magdalénien währte in Südfrankreich und in Nordspanien vor etwa 18.000 bis 11.500 Jahren in einem Gebiet, das während der gesamten jüngeren Altsteinzeit eisfrei war. Deshalb konnten sich dort Menschen aufhalten, als Deutschland vermutlich nahezu menschenleer war.

Vor etwa 15.000 Jahren wanderten Magdalénien-Leute auch in Nordfrankreich, Belgien, Südengland, Deutschland und in der Nordostschweiz ein. Vielleicht sind auch schon vorher vereinzelt Magdalénien-Jäger eingesickert. In Deutschland rechnet man die Zeit vor etwa 15.000 bis 11.500 Jahren dem Magdalénien zu.

Der Begriff Magdalénien wurde 1869 von dem französischen Prähistoriker Gabriel de Mortillet (1821–1898) eingeführt. Benannt wurde es nach dem Abri La Madeleine gegenüber von Tursac an der Dordogne (Frankreich). Ursprünglich hat man das Magdalénien auch das „Zeitalter der Rentiere" genannt, weil damals vor allem Rentiere erlegt wurden.

Als Sondergruppen des Magdalénien gelten das Creswellien in England sowie das Swiderien in Polen und Ungarn. Der Name Creswellien fußt auf den Funden aus der Höhle „Mother-Grundy's Parlour" in Creswell Crags, einem gebirgigen Gebiet in Derbyshire (England). Namengebender Fundort für das Swiderien ist die Freilandstation Swidry Wielkie bei Warschau in Polen. In Osteuropa lebte das Gravettien in Form des Spätgravettien fort.

Im Laufe des Magdalénien bzw. des Spätglazials zogen sich die skandinavischen und alpinen Gletscher in Deutschland immer mehr zurück. Dabei gab es neben Phasen der Stagnation vereinzelt auch wieder kurzfristige Vorstöße.

Die skandinavischen Gletscher hinterließen nach ihrem Rückzug in Norddeutschland die Endmoränen, an denen auch heute noch das maximale Vordringen des Eises erkennbar ist. Das Nordseebecken lag etwa bis zur Doggerbank trocken. In diesem „Nordseeland" gab es Moore sowie Wälder und viele Wildtiere.

Die alpinen Gletscher schufen bei ihrem Rückzug im Alpenvorland tiefe Bewegungsbahnen und Zungenbecken. Als sich diese allmählich mit Wasser füllten, entstanden unter anderem der Bodensee, Ammersee, Starnberger See, Kochelsee, Tegernsee, Schliersee, Simssee, Waginger See und Tachinger See.

An den Rückzug von Ammer-, Isar- und Inngletscher erinnern die riesigen Kiesvorkommen in der Schiefen Ebene vor München. Sie erstrecken sich im Süden in einer Breite von etwa 60 Kilometern auf der Linie Weyarn-Gauting-Fürstenfeldbruck und reichen im Norden bis zum rund 60 Kilometer entfernten Moosburg. Die Kiesschichten sind im Süden bis zu 100 Meter mächtig, im Norden betragen sie nur noch wenige Meter.

Das Magdalénien entsprach in Deutschland weitgehend den ersten drei Abschnitten einer Kaltphase, die nach der häufig vorkommenden Silberwurz *Dryas octopetala* als Dryas-Zeit (etwa 15.000 bis 10.000 Jahre) bezeichnet wird. Die Dryas-Zeit ist in zwei gleichmäßige Abschnitte – das Bölling-Interstadial und das Alleröd-Interstadial – geteilt.

Das Magdalénien fiel in:
– die älteste Phase der Dryas (in Frankeich Dryas I), eine Kaltphase vor etwa 15.000 bis 13.000 Jahren
– das Bölling-Interstadial, eine Warmphase vor etwa 13.000 bis 12.000 Jahren,
– die ältere Dryas (Dryas II), eine Kaltphase vor etwa 12.000 bis 11.700 Jahren,
– und geringfügig in das Alleröd-Interstadial, eine Warmphase vor etwa 11.700 bis 10.700 Jahren.
Der größte Teil des Alleröd-Interstadials sowie die darauffolgende jüngere Dryas (Dryas III), eine Kaltphase vor etwa 10.700 bis 10.000 Jahren, lagen außerhalb der Zeit des Magdalénien.
In der ältesten Dryas lagen die Durchschnittstemperaturen in Deutschland etwa um 6 bis 8 Grad niedriger als heute. Damals beherrschten Zwergstrauchtundren das Bild der Landschaft. Charakteristische Pflanzen waren neben der Silberwurz nur 30 Zentimeter hohe Zwergbirken, Zwergweiden, Sanddorn, Wacholder, Heidekraut und Alpenazaleen. Vor etwa 15.000 Jahren drangen langsam schwimmende Glattwale im Rhein bis in die Kölner Gegend vor. In den Tundren traten Wildpferde und Rentiere in großen Herden auf. Außerdem gab es noch Mammute, Fellnashörner und als Besonderheit Saiga-Antilopen, die mit ihrer eigenartig gekrümmten Nase gut Sandstürmen trotzen konnten.
Während des zuerst im Gebiet der ehemaligen Bölling-See in Nordjütland (Dänemark) nachgewiesenen Bölling-Interstadials wichen die Gletscher in Deutschland noch weiter zurück. Daraufhin konnten sich Wacholder und Zwergbirken ausbreiten. Später gediehen sogar wieder hohe Birken. Die Durchschnittstemperaturen lagen etwa um 4 Grad Celsius niedriger als heute.

Zur Tierwelt in einer Warmphase vor etwa 13.000 bis 12.000 Jahren gehörten unter anderem Wölfe, Wisente, Auerochsen, Wildpferde, Rentiere, Hirsche und Schneehühner. Vielleicht kamen in dieser Zeit im Mittelrhein sogar noch Robben vor. Zumindest wurden diese Tiere von Magdalénien-Leuten in Gönnersdorf (Kreis Neuwied) in Rheinland-Pfalz dargestellt. Robben könnte man aber auch bei Jagdausflügen weit nach Norden gesehen und sie nachher zur Erinnerung verewigt haben. Mammute und Fellnashörner waren fast ausgestorben.
In der älteren Dryas breiteten sich wieder Zwergstrauchtundren aus. In diesen gediehen wie in der ältesten Dryas neben der Silberwurz auch Zwergbirken, Zwergweiden, Heidekraut und Alpenazaleen. Es gab weiterhin große Wildpferd- und Rentierherden, aber keine Mammute und Fellnashörner mehr.
Im Alleröd-Interstadial konnten sich zunächst Birkenwälder und später auch Kiefernwälder behaupten. In diesen Wäldern lebten unter anderem Elche, Hirsche und Auerochsen.
Über die Zahl der gleichzeitig im Magdalénien existierenden Menschen in Deutschland liegen keine Schätzungen vor. In Baden-Württemberg vermutet man in jener Zeit etwa 1.000 Menschen (2017: 11,02 Millionen Einwohner). Diese waren jedoch weniger kräftig und hatten zumeist eine geringere Körperhöhe als ihre Vorgänger aus der jungeren Altsteinzeit. Die Männer erreichten eine Höhe bis zu 1,60 Meter, die Frauen bis zu 1,55 Meter. Auf Kunstwerken aus dem Magdalénien sind die Männer mit Bart (Isturitz, La Madeleine, Lourdes) und ohne Bart (Gourdan, Isturitz, La Madeleine) dargestellt. Es gab also keine einheitliche Barttracht.
Als das Buch „Deutschland in der Steinzeit" (1991) von Ernst Probst erschien, datierte man die Doppelbestattung eines alten Mannes und einer jungen Frau am Stingenberg von Oberkassel bei Bonn ins Magdalénien. Heute werden diese beiden voll-

ständig erhaltenen Skelette zu den Federmesser-Gruppen gerechnet. Etliche komplette Skelette von Menschen aus dem Magdalénien kennt man von Chancelade, La Madeleine, Laugerie-Basse, Rochereil und Saint-Germain-la-Rivière in Frankreich.
Aus der Zeit des Magdalénien stammen auch menschliche Skelettreste aus Bayern (Mittlere Klause bei Essing), Baden-Württemberg (Petersfels, Brillenhöhle, Gnirshöhle) und Thüringen (Urdhöhle, Kniegrotte). In der Mittleren Klause bei Essing (Kreis Kelheim) wurden Skelettreste eines etwa 30 Jahre alten Mannes entdeckt. Aus der Höhle Petersfels bei Engen-Bittelbrunn (Kreis Konstanz) kennt man Skelettreste von zwei Kindern. In der benachbarten Gnirshöhle (nach ihrem Besitzer Friedrich Gnirs aus Bittelbrunn benannt) kamen drei Bruchstücke vom linken und rechten Oberschenkelknochen zum Vorschein. Die Gnirshöhle wird manchmal auch Hohlefels genannt. In der Brillenhöhle bei Blaubeuren (Alb-Donau-Kreis) hat man Reste von mindestens drei Menschen geborgen. Bei den Funden aus der Urdhöhle bei Döbritz (Kreis Pößneck) handelt es sich um Reste von mindestens drei Frauen und eines 13- bis 15-jährigen Jugendlichen. In der nahegelegenen Kniegrotte stieß man auf den Oberarmknochen, das Schlüsselbein und den Fußknochen einer jungen Frau. Auch die drei Menschenzähne aus der Kleinen Scheuer im Rosenstein bei Heubach (Ostalbkreis) stammen aus dem Magdalénien.
Im Magdalénien war Deutschland – nach den zahlreichen Funden in Höhlen und im Freiland zu schließen – viel dichter besiedelt als in den vorhergehenden Kulturstufen. Siedlungsspuren in Höhlen und im Freiland kennt man aus Baden-Württemberg, Bayern, Rheinland-Pfalz, Hessen, Nordrhein-Westfalen, dem südlichen Niedersachsen und Thüringen. Im nördlichen Niedersachsen und in Schleswig-Holstein lebten

etwa zur selben Zeit die Angehörigen der „Hamburger Kultur".

Allein in Baden-Württemberg gibt es Dutzende von Höhlen, in denen sich Magdalénien-Leute kurz- oder langfristig aufgehalten haben. In manchen von ihnen nahmen die einstigen Bewohner sogar bauliche Veränderungen vor. So wurde auf der Ostseite der Bärenfelsgrotte am Bruckersberg in Giengen an der Brenz (Kreis Heidenheim) durch Felsblöcke eine Schutzmauer geschaffen. Die größten Blöcke sind 1,25 Meter lang und 0,60 Meter breit. In der Brillenhöhle bei Blaubeuren (Alb-Donau-Kries) fasste man eine Feuerstelle mit bis zu 70 Zentimeter hohen Felsblöcken ein.

Besonders aufwändige Bauarbeiten führten die Bewohner der Kniegrotte bei Döbritz (Kreis Pößneck) in Thüringen durch. Sie legten in und vor der Höhle mit Steinplatten ein Pflaster an, das 21 Meter lang und 6 Meter breit war und den Hang vor der Höhle hinabführte. Unmittelbar vor dem Höhleneingang zweigte ein Steg ab, der an einem 6 Quadratmeter großen zweiten Pflaster endete. Die Pflasterung wurde immer wieder erneuert und war an manchen Stellen bis zu 1,10 Meter aufgehöht. Zwischen den Plattenschichten fand man Feuerstellen und Kulturreste. Ein großer Steinblock diente als Amboss bei der Herstellung von Werkzeugen. Jede dieser Plattenschichten stellte den Fußboden eines Wohnplatzes dar, der vermutlich überdacht war. Im Winter scheint man sich vorwiegend in der Kniehöhle aufgehalten zu haben, im Sommer dagegen in Zelten auf dem Vorplatz, welche sich an die steile Felswand anlehnten. In den Zelten lebte eine Gruppe von schätzungsweise 15 bis 25 Personen. Die durch Erde, Speisereste und andere Abfälle verunreinigte Fläche wurde offensichtlich von den nachfolgenden Bewohnern mit einer neuen Schicht von Schieferplatten belegt. Das Material dafür holte man von einer einige hundert Meter entfernten Stelle. Bei den Ausgrabungen vor der Kniegrotte kam eine maximal einen Meter mächtige Kulturschicht zum Vorschein, die in die Grotte hinein immer dünner wurde. Dies gilt als ein weiterer Beweis dafür, dass damals meist nur der helle, noch von der Sonne erwärmte, aber schon vor Regen, Schnee und Wind geschützte Eingangsbereich bewohnt wurde.

Zu den bekanntesten Freilandsiedlungen aus dem Magdalénien in Deutschland gehört die von Gönnersdorf (Kreis Neuwied) im Mittelrheingebiet. Dort entdeckte man bei Ausgrabungen die Grundrisse von insgesamt sieben Behausungen. Drei davon waren Pfostenbauten mit einem Durchmesser von 6 bis 8 Metern. Außerdem gab es drei kleinere Stangenzelte mit einem Durchmesser von 2,50 Metern und ein großes Stangenzelt mit etwa 5 Meter Durchmesser. Man weiß aber nicht, ob alle Behausungen zu gleicher Zeit errichtet und bewohnt waren.

Die großen Pfostenbauten von Gönnersdorf dienten vermutlich als Basislager für eine längere Jagdsaison. Wie diese Behausungen wahrscheinlich konzipiert waren, zeigt eine Rekonstruktion. In der Mitte grub man einen starken Stamm in die Erde ein. Ihm wurden an der Spitze einige Zweige belassen. Dann tiefte man im Abstand von drei oder vier Metern rundum zwölf kürzere Außenpfosten ein, die oben mit einer Astgabel endeten. Das bis dahin noch wackelige Gerüst wurde durch Stäbe zwischen den Außenpfosten sowie zwischen diesen und dem Mittelmast verstreift. Die Stäbe legte man in die Astgabel und band sie mit Lederriemen fest. Die ganze Konstruktion wurde mit schätzungsweise 40 Wildpferdhäuten überdeckt, die man mit Hilfe von Feuersteinpfriemen durchlochte und mit Knochennadeln und Sehnen oder Därmen zusammennähte. Nur in der Mitte rings um den Mast ließ man eine Öffnung, damit der Rauch abziehen konnte. Im Südosten und im Westen konnte der Pfostenbau durch Öffnungen betreten oder verlassen werden. Der Boden der Behausung wurde mit Schieferplatten gepflastert. Darauf dürfte man Tierfelle gelegt haben.

Die Feuerstelle befand sich in einer Grube, in der ein Glutfeuer unterhalten wurde, das die Hitze besser bewahrte als ein Flammfeuer und weniger Brennmaterial erforderte. Wenn man Fleisch braten wollte, musste nur die Asche von der Glut entfernt werden.

Da es noch keine Töpfe gab, kochten die Gönnersdorfer Magdalénien-Menschen in kleinen, mit Leder, Pferdemägen oder Rentierblasen ausgekleideten Gruben. In diese wurde Wasser und Fleisch gefüllt, dann erhitzte man im Glutfeuer Steine, warf sie mit Hilfe einer Astgabel in die Gruben und brachte so die „Suppe" zum Sieden. Nicht selten zersprangen die erhitzten Steine durch das Abschrecken in der kalten Flüssigkeit. Trümmer solcher Kochsteine hat man in Gönnersdorf gefunden.

Nachts oder an trüben Tagen wurden die Behausungen von Gönnersdorf mit Steinlampen beleuchtet. Diese bestanden aus einer dicken Schieferplatte, die in der Mitte ausgehöhlt wurde. In diese Vertiefung füllte man Fett, legt einen Docht hinein und zündete ihn bei Bedarf an.

Vermutlich haben die Gönnersdorfer Magdalénien-Leute zahlreiche Gegenstände und vielleicht auch sich selbst nach Art der Indianer bemalt. Dies schließt man aus den unter größeren Steinen und in Gruben reichlich vorhandenen roten Farbspuren. Sie stammen von dem Eisenoxyd Hämatit (Rötel). Sobald man dieses auf einem Stein reibt, entsteht rotes Pulver, aus dem man durch Verrühren mit Wasser oder Fett eine intensiv rot färbende Paste herstellen kann. Durch Erhitzen von Hämatit kann man zudem den Farbton verändern.

Interessante Einblicke in das Leben der Magdalénien-Leute erlauben auch die Siedlungsspuren auf dem Sandberg bei Oelknitz (Kreis Jena) in Thüringen. Auf diesem Bergsporn zwischen dem Saaletal und einem Bachtal wurden insgesamt neun Zeltlager angelegt. Diese werden zwei Besiedlungsphasen zugerechnet: In der ersten davon entstanden sechs Zeltlager, in der zweiten die restlichen drei.

Das in der ersten Besiedlungsphase errichtete Hauptzelt auf dem höchsten Punkt des Sandberges hatte einen Grundriss von fünf Meter Länge und vier Meter Breite. Im Innern war eine Feuerstelle eingetieft. Wie in Gönnersdorf barg man in Oelknitz Steinlampen und in der Hälfte eines aufgeschlagenen Steines mit Hohlraum rote Farbspuren. Vielleicht hatte dieser Stein als Behälter für Rötel gedient. Vom Standplatz des Hauptzeltes aus konnte man das Saaletal weit überblicken. Die anderen Zelte waren etwas kleiner.

Die in der zweiten Besiedlungsphase auf dem Sandberg aufgestellten drei Zelte lagen in einer Reihe jeweils zwei Meter voneinander entfernt. In zwei von ihnen ließ sich rekonstruieren, dass ein Kranz von Steinblöcken die an Zeltstangen befestigten Tierfelle am Boden beschwerte. Der dritte Grundriss war mit Steinen und Knochen „gepflastert". Hier konnte man keine Stangengruben feststellen. Der Grundriss des Hauptzeltes war 4,50 Meter lang und 3,20 Meter breit. Die beiden anderen Zelte maßen 4 mal 3,50 und 4 mal 4 Meter.

Die bei den Ausgrabungen in Oelknitz entdeckten Pfostenlöcher hatten einen Durchmesser von 20 bis 30 Zentimetern und reichten bis 60 Zentimeter tief in den Untergrund. Die darin steckenden Baumstämme dürften schätzungsweise 10 bis 15 Zentimeter dick gewesen sein. Sie waren in den Pfostenlöchern mit Steinen, Knochen und Geweihteilen verkeilt. Viele Pfosten steckten schräg im Boden, wie es für Zelte typisch ist.

Die Pfostenlöcher waren deutlich bogenförmig angeordnet. Die tief eingegrabenen Stämme bildeten ein Gerüst, das man vermutlich mit Wildpferdfellen und Zweigen bedeckte. Um den nach Regenfällen aufge-weichten Lehmboden trocken und begehbar zu halten, haben ihn die Bewohner der Oelknitzer Siedlung mit Geröll aus der Saale und mit Sandsteinen bedeckt. Wenige Kilometer von Oelknitz entfernt, lagerte im Magdalénien eine Familie auf einer Hochfläche bei Hummelshain in Thüringen. Von dieser kleinen Siedlung haben eine in Trockenbauweise errichtete Steinmauer und eine ovale Grube mit einem Durchmesser von 1,80 Meter, die 0,75 Meter in den Sandboden eingetieft und teilweise mit Aschne gefüllt war, die Jahrtausende überstanden. Durch eine Mauer schützten die einstigen Bewohner sich und das Lagerfeuer vor den über die Hochfläche wehenden Winden. Hinter diesem bogenförmigen Windschirm, der an der West-, Nordwest- und Nordseite aufgetürmt war, spielte sich das Lagerleben der Jägerfamilie ab.
Bei Bad Frankenhausen (Kreis Artern) in Thüringen zeugen drei Konzentrationen von Steinplatten von einer ehemaligen Siedlung. Auf einem 3 Meter langen und 2,50 Meter breiten Plattenlager könnte ein Zelt gestanden haben, das an einer Längsseite einen Vorbau oder einen gepflasterten Vorplatz besaß. Ein rechteckiges Pflaster von fünf Meter Länge und drei Meter Breite bot vielleicht zwei kleinen Zelten Platz. Und auf einer etwa 3,50 Meter langen Steinbank befand sich vermutlich ein Windschirm.
Die Magdalénien-Leute erlegten vor allem Rentiere und Wildpferde, die in den damaligen Graslandschaften in großen Herden vorkamen. Dabei setzten sie die Speerschleuder und die Harpune ein. Mit der Speersschleuder konnte man Geschosse mit großer Durchschlagskraft auf Beutetiere lenken.

Die Speerschleuder bestand aus einem bis zu 30 oder 40 Zentimeter langen hinteren Teil aus Rentiergeweih mit einem Widerhaken am Ende und einem mindestens ebenso langen Holzschaft. Bisher hat man nur Reste der widerstandsfähigeren Speerschleuderenden gefunden. Aus dem gesamten Jungpaläolithikum sind gegenwärtig etwa 125 Hakenenden von Speerschleudern bekannt, von denen die meisten aus dem Ende des Magdalénien stammen.

Beim Wurf auf ein Wildtier hielt der Jäger die Speerschleuder in der weit nach hinten gestreckten rechten Hand, wobei der Widerhaken hinten lag und nach oben ragte. Das Wurfgerät verlängerte auf diese Weise den rechten Arm und somit dessen Hebelkraft. Der Wurfspeer ruhte mit seinem Ende auf der Speerschleuder und wurde vom Widerhaken sowie – zusammen mit der Speerschleuder – von der Hand des Jägers gehalten. Beim Schuss schnellte der Arm mitsamt Speerschleuder und Wurfspeer nach vorne, wobei sich das Geschoss löste und mit Wucht in Richtung des Beutetieres flog.

Experimente des Kölner Prähistorikers Ulrich Stodiek mit rekonstruierten Speerschleudern haben gezeigt, dass mit längeren Speeren von etwa 2 bis 2,20 Meter Länge und ungefähr 10 Zentimeter Dicke bei Zielwürfen eine bessere Trefferquote erzielt wurde als mit kürzeren Geschossen von nur 1,20 bis 1,50 Meter Länge. Die kürzeren und leichteren Speere konnten dagegen viel weiter als die längeren geworfen werden. Mit ihnen wurden schon Weiten von mehr als 140 Metern erreicht.

Für Speerschleudern wurden ein- oder zweiteilige Geschosse verwendet. Die einteiligen versah man mit einer fest eingesetzen Geweih- oder Elfenbeinspitze. Die zweiteiligen bestückte man mit einer lose in den Holzschaft eingesteckten Harpune, die sich nach dem Wurf löste. Solche Harpunen

wurden aus Rentiergeweih geschnitzt. Sie besaßen auf einer Seite oder auf zwei Seiten Widerhaken und einen zapfenförmigen Fuß. Speerspitzen aus Tierknochen und Geweih – darunter eine mit 44 Zentimetern extrem lange aus Rentiergeweih – kennt man aus der Höhle Bärenkeller bei Königssee-Garwitz (Kreis Rudolstadt) in Thüringen. Speerschleudern sind bisher in Deutschland im Gegensatz zur Schweiz sehr selten nachgewiesen. In der Höhlenruine Teufelsbrücke auf dem Gleitsch bei Saalfeld (Kreis Saalfeld) in Thüringen wurde das Widerhakenende einer Speerschleuder entdeckt, das mit einem Pferdekopf verziert ist. Harpunen fand man in Baden-Württemberg (Brillenhöhle, Kleine Scheuer, Petersfels, Schussenquelle), Bayern (Kastlhänghöhle im Altmühltal, Obere Klause) und in Thüringen (Kniegrotte).
Rentiere und Wildpferde kamen in den damaligen Graslandschaften in großen Herden vor. Sie hielten sich vermutlich nur im Herbst und Winter in den Fluss- und Seeniederungen auf. In diesen Jahreszeiten fanden sie hier ein besseres Nahrungsangebot vor als in den angrenzenden Mittelgebirgen, in denen sie im Frühjahr und Sommer lebten und wo sie von der lästigen Mückenplage verschont blieben, mit denen in den Fluss- und Seelandschaften zu rechnen war.
Die Rentiere litten zeitweise besonders unter der Dasselfliege (*Oedemagena tarandi*), die im Sommer an den Haaren der Tiere ihr Eier ablegte. Daraus schlüpften nach wenigen Tagen die Larven und drangen unter die Haut des Rentiers ein Dort wanderten sie zum Rücken des Tieres und wuchsen in den Dasselbeulen heran. Im nächsten Frühjahr durchbrachen sie die Haut, fielen zu Boden und verwandelten sich in Puppen, aus denen nach einigen Wochen eine neue Generation von Dasselfliegen schlüpfte.

Die jahreszeitlichen Wanderungen der Rentiere und Wildpferde zwangen die Jäger, hinter diesen Tieren herzuziehen oder sie in bestimmten Gegenden zu erwarten. Auf diese Weise dürften die Menschen des Magdalénien periodische Wanderungen über eine Enfernung von 100 bis 200 Kilometern unternommen haben. Dabei trafen sie mitunter andere Jägersippen oder -familien.
Zu den Orten, an denen Jäger zu bestimmten Zeiten den Rentierherden auflauerten, gehört das Brudertal bei Engen-Bittelbrunn (Kreis Konstanz) in Baden-Württemberg. Dieses bildet einen der Aufgänge von der Ebene zwischen Engen und dem Bodensee zur Albhochfläche. Dort konnten Jägernomaden die Rentiere in das sich talaufwärts immer mehr verengende Brudertal treiben. Von beiden Seiten in das Tal hineinragende Felsrippen erwiesen sich für die in Panik geratenen Herden als tückische Fallen, in denen sie ein leichtes Opfer für die mit Wurfspeeren ausgerüsteten Jäger wurden.
Eine der Engestellen im Brudertal liegt unweit der Höhle Petersfels. Sie gilt als eine der bedeutendsten Fundstellen aus dem Magdalénien in Baden-Württemberg. Am Petersfels sind in verschiedenen Schichten die Skelettreste von mindestens 1.300 Rentieren entdeckt worden. Der Tübinger Prähistoriker Gerd Albrecht schätzt, dass diese Tiere bei ungefähr 25 bis 40 Jagdunternehmungen erbeutet wurden, bei denen jeweils bis zu maximal 50 Rentiere zur Strecke gebracht worden sind. Besonders wichtig dürfte die Rentierjagd im September und Oktober gewesen sein, weil man sich dabei mit Fleischvorräten für den bevorstehenden Winter versorgen konnte. Wahrscheinlich hat man einen Teil der Beute für die kalte Jahreszeit konserviert.
Im großen Stil wurde die Rentierjagd auch an der Schussenquelle bei Schussenried (Kreis Biberach) in Baden-Würt-

temberg betrieben. Dort fand man Skelettreste von etwa 400 Rentieren und anderen Großsäugetieren. Diese Zahlen demonstrieren eindrucksvoll, welche große Bedeutung die Rentierjagd in bestimmten Gebieten für die Magdalénien-Jäger hatte. Erlegte Rentiere dienten nicht nur als willkommene Fleischlieferungen, sondern auch als wertvolle Rohstoffquelle. Aus Knochen und Geweih von Rentieren schufen die Menschen des Magdalénien verschiedene Werkzeuge, Waffen und Kleinkunstwerke. Auf letzteren wurden manchmal – wie Funde aus der Petersfelshöhle zeigen – auch Rentiere dargestellt. Mit Rentierfellen deckte man Hütten- und Zeltdächer und damit wurde auch der Boden der Behausungen ausgelegt. Sie dienten zudem als Decken und wurden zu Mützen, Jacken, Hosen, Schuhen, Riemen und vielleicht auch zu Taschen und Beuteln verarbeitet. Aus dem Sehnen ließen sich Fäden gewinnen, mit denen man Tierhäute zusammennähen konnte. Rentierfett wurde als Brennstoff für Steinlampen geschätzt.

Die Magdalénien-Jäger haben neben Rentieren noch etliche andere Tierarten zur Strecke gebracht. In manchen Gegenden spielte die Jagd auf Wildpferde eine wichtige Rolle. Jagdbeutereste vom Wildpferd kennt man vom Petersfels in Baden-Württemberg, von Andernach und Gönnersdorf in Rheinland-Pfalz, aber auch von Bad Frankenhausen und Lausnitz in Thüringen sowie Saaleck in Sachsen-Anhalt. Die Stückzahlen der erlegten Wildpferde an all diesen Fundorten sind aber viel niedriger als die der Rentiere am Petersfels und an der Schussenquelle. Ein wichtiger Grund war wohl, dass ein Wildpferd mit etwa 150 Kilogramm Fleisch etwa dreimal soviel Nahrung lieferte wie ein Rentier.

Die während des Magdalénien in Deutschland vorkommenden Wildpferde sind von den Künstlern oft sehr realistisch mit stehender Mähne, etwas hängender Bauchlinie und Backenbart dargestellt worden. Allein unter den Tiermotiven auf den Schieferplatten von Gönnersdorf, die als Fußböden dienten, sind mehr als 70 Wildpferde erkennbar.

Im Gegensatz zu früheren Stufen der jüngeren Altsteinzeit sind im Magdalénien nur noch sehr wenige Mammute erlegt worden. Diese kältegewohnten Rüsseltiere standen gegen Ende des Magdalénien kurz vor dem Aussterben. Die Hauptursache dürfte des Abklingen der extrem kaltzeitlichen Verhältnisse in der ausgehenden Weichsel- bzw. Würm-Eiszeit gewesen sein. Den auffällig wenigen Jagdbeuteresten vom Mammut steht in Gönnersdorf jedoch die erstaunlich hohe Zahl von mehr als 60 auf Schieferplatten eingravierten Mammuten gegenüber. Vereinzelt wurde das Mammut durch Gegenstände aus Elfenbein indirekt nachgewiesen.

Neben großen Säugetieren – wie Rentier, Wildpferd und Mammut – stellten die Magdalénien-Jäger etlichen deutlich kleineren Tierarten nach. Beispielsweise barg man am Petersfels außer den zahlreichen Skelettresten vom Rentier und Wildpferd auch Knochen von mehr als 1.000 Schneehasen. Im Hohlen Fels bei Schelklingen (Alb-Donau-Kreis) im Achtal wurden neben Jagdbeuteresten vom Rentier und Wildpferd solche von Hasen, Füchsen, Vögeln und Fischen gefunden. In Lausnitz in der Orlasenke (Kreis Pößneck) in Thüringen barg man vor allem Jagdbeutereste vom Wildpferd, außerdem jedoch vom Rentier, Reh und vielleicht vom Eisfuchs.

Manche Magdalénien-Jäger töteten Wolfseltern, zogen deren Junge auf und gingen vielleicht mit diesen Vorläufern des Haushundes schon auf die Pirsch. Die ältesten Nachweise von Haushunden stammen aus der Zeit vor etwa 13.000 Jahren. Dazu gehören Skelettreste aus der Kniegrotte bei Döbritz (Thüringen) und aus der Gnirshöhle bei Engen-Bittelbrunn (Baden-Württemberg).

Die Skelettreste aus der Kniegrotte waren kleiner als die von Wölfen aus der gleichen Zeit. Darunter befand sich ein Oberkiefer, an dem sich die Verkürzung des Schädels erkennen ließ. Weitere Hinweise für die späteiszeitliche Domestizierung des Wolfes entdeckte man in der ebenfalls etwa 13.000 Jahre alten ukrainischen Freilandstation Mezin sowie unter den ungefähr 12.000 Jahre alten Siedlungsresten der Palegawrahöhle im Nordost-Irak und unter ähnlich alten Grabbeigaben bei Ain Mallaha im oberen Jordantal in Israel. Die Zähmung von Wölfen ist demnach in verschiedenen Gebieten zu unterschiedlichen Zeiten gelungen.

Die Menschen des Magdalénien ernährten sich vom Fleisch erlegter Rentiere, Wildpferde, Mammute, Schneehasen, Schneehühner und von Fischen. Das Fleisch dürfte man meist über dem Feuer gebraten haben, wenn man es nicht, wie in Gönnersdorf, zu kochen versuchte.

In der Feuerstelle der Brillenhöhle bei Blaubeuren wurden zahlreiche Vogel- und Hasenknochen entdeckt. Teile von Vogeleiern aus dem Hohlen Fels bei Schelklingen belegen das Sammeln solcher Nahrung. Für etwas Abwechslung in der Ernährung dürften außerdem essbare Kräuter, Pilze, Beeren sowie die schon von den Frühmenschen gern gegessenen Haselnüsse gesorgt haben.

Bei ihren Wanderungen stießen die Magdalénien-Jäger gewiss auch auf andere Zeitgenossen, die ebenfalls umherzogen. Dabei kam es sicher zu mancherlei Tauschgeschäften, bei denen seltene oder besonders formschöne Feuersteinarten und Schmuckschnecken den Besitzer wechselten.

Auf dem Tauschweg gelangten Magdalénien-Leute aus der Gnirshöhle im Brudertal bei Engen-Bittelbrunn beispielsweise zu Purpurschnecken (*Purpur lapillus*) und zu einer Schmuckmuschel (*Astqarte montagui*) aus dem mehr als 600 Kilometer

entfernten Atlantik. Andere in der Gnirshöhle geborgene Schmuckschnecken (*Sycum spec.*) stammen aus dem etwa 450 Kilometer entfernten Pariser Becken. All diese Stücke sind also im heutigen Frankreich gesammelt worden.
Bewohner vom Petersfels im Brudertal trugen Schmuckschnecken aus dem Steinheimer Becken in Baden-Württemberg, aus dem Mainzer Becken im Rheinland-Pfalz sowie vom Mittelmeer. Die durchbohrten Schmuckschnecken aus Gönnersdorf hat man im Mittelmeergebiet aufgelesen.
Diese Beispiele von ortsfremden Schmuckschnecken zeigen, dass im Magdalénien mit begehrten Produkten florierende Tauschgeschäfte betrieben wurden.
Bei ihren Jagdunternehmungen und Wanderungen waren die Magdalénien-Leute ausschließlich auf ihre eigenen zwei Beine angewiesen. Auf die Idee, Rentiere zu Zugtieren oder Wildpferde zu Reittieren abzurichten, kamen sie offensichtlich nicht. Vielleicht haben sie aber die ersten aus gezähmten Wölfen hervorgegangenen Haushunde als Trag- oder Zugtiere für kleinere Lasten benutzt. Archäologisch wird sich dies jedoch kaum nachweisen lassen.
Die Magdalénien-Leute haben vermutlich wie ihre Vorgänger im Gravettien Kleidung getragen, die aus zusammengenähten Tierhäuten angefertigt wurde. Männer, Frauen und Kinder hüllten sich – ähnlich wie die Indianer der Neuzeit – in mittellange Jacken und enge Hosen aus Rentier- oder Wildpferdleder. Die Füße steckten in Schlupfschuhen. Reste solcher Kleidung sind bisher nicht gefunden worden. Die Anordnung von Schmuck bei manchen Bestattungen sowie künstlerische Darstellungen lassen aber Schlüsse auf deren Aussehen zu.
Vom Petersfels bei Engen-Bittelbrunn kennt man zentimeterlange, durchlochte Besatzstücke oder Knöpfe in schma-

ler D-Form aus Gagat, Sandstein und Knochen. Kleidung lassen auch einige der in Gönnersdorf bei Neuwied entdeckten Ritzzeichnungen von Frauen erkennen. Diese besitzen im Inneren ein Muster aus Linien. Besonders gut ist dies auf einem Motiv zu beobachten, das vier kopf- und fußlose Frauen hintereinander aufgereiht zeigt, wobei die dritte von links ein Kleinkind in einer Trage auf dem Rücken transportiert.

Hinweise auf Kleidung gibt außerdem der Schmuck eines am sibirischen Fundort Malta bestatteten Jungen. Er trug neben einem Halsband einen eigenartigen Anhänger in der linken Schultergegend, der vermutlich an der Oberbekleidung befestigt war. Im sibirischen Malta barg man zudem geschnitzte Frauenfiguren, die Kapuzen aufhaben. Querliegende Einkerbungen am Ober- und Unterkörper sowie an den Armen und Beinen deuten Kleidung an. Die Funde aus Malta werden von russischen Prähistorikern unterschiedlich datiert, unter anderem ins Spätgravettien, das zeitlich dem Magdalénien entspricht.

Wie ihre Vorgänger aus dem Aurignacien und Gravettien erfreuten sich auch die Menschen des Magdalénien an Schmuck. Darauf verweisen vor allem die zahlreichen Schmuckschnecken, die teilweise aus weit entfernten Gegenden stammten. Die Schneckengehäuse wurden mit spitzen Feuersteinwerkzeugen durchbohrt, auf Fäden aufgereiht und als Halsketten getragen. Oft sind sie auch auf Kleidungsstücke aufgenäht worden. Daneben schätzte man Schmuck aus durchbohrten Tierzähnen und unterschiedlich geformte Anhänger. Vermutlich haben sich die Menschen zu bestimmten Gelegenheiten auch festlich mit Rötel bemalt.

Am Petersfels bei Engen-Bittelbrunn fand man durchbohrte Zähne vom Höhlenbären, Höhlenlöwen, Wolf, Fuchs, Luchs,

Biber, Wildpferd, Ren und Hirsch sowie Zahnreihen vom Ren, Hirsch, Wisent, Steinbock, Murmelier, der Gämse und sogar von Höhlenbären. Die Zahnreihen wurden vom Unterkiefer wie eine dichte Perlenreihe abgeschnitten und durch das Zahnfleisch zusammengehalten. Man nähte sie auf die Kleidung oder trug sie als Anhänger. Außerdem kennt man vom Petersfels teilweise verzierte Scheiben aus Mammutelfenbein, durchlochte Dreiecksanhänger und Gagatschnitzereien, Stäbchenanhänger sowie durchlochte Muschel- und Schneckenschalen.

Als weiteres Beispiel für verschiedene Schmuckformen lassen sich auch Funde aus der Kniegrotte bei Döbritz anführen. Dazu zählen durchbohrte Tierzähne, Muscheln und Steine sowie ein dreieckig zugeschnittenes Rötelstück.

Ausdruck des Schönheitssinns sind zudem die sorgfältig ausgeführten Verzierungen auf Gebrauchsgegenständen wie Lochstäben oder Speerschleudern.

Wie in Spanien und Frankreich wurden auch in Deutschland viel mehr Kunstwerke aus dem Magdalénien entdeckt als aus den vorhergehenden Kulturstufen der jüngeren Altsteinzeit. Und dies, obwohl man hier im Gegensatz zu Westeuropa noch keine einzige Höhlenmalerei nachweisen konnte. Dafür entdeckte man kleinformatige Gravierungen auf Steinplatten, Geröllen, Tierknochen, Geweih, fossilem Holz und Mammutelfenbein sowie Schnitzereien aus denselben Materialien. Diese Kunstwerke zeigen Tiere, Menschen (fast nur Frauen) und rätselhafte Zeichen.

Die meisten Gravierungen auf Steinplatten wurden in der Freilandsiedlung Gönnersdorf in Rheinland-Pfalz gefunden. Dort haben die einstigen Bewohner etwa 200 Darstellungen von Tieren und rund 400 von Frauen in grauschwarzen Schieferplatten eingraviert, die in den Behausungen als

Nachbildung einer Gravierung von Gönnersdorf.
Sie zeigt zwei Frauen ohne Kopf und Füße
die sich wie bei einem Tanz gegenüberstehen.
Foto: José-Manuel Benito / Locutus Borg
(via Wikimedia Commons),
Lizenz: gemeinfrei (Public domain)

Fußboden dienten. Man trat also die Kunst buchstäblich mit Füßen. Das auf manchen dieser Platten zu beobachtende Liniengewirr kann vielleicht damit erklärt werden, dass die Platten mehrfach mit einer Farbschicht überzogen und dann erst graviert wurden, wodurch es zu Überschneidungen kam. In Gönnersdorf diente wahrscheinlich das reichlich vorhandene Hämatit dazu, die Platten mit roter Farbe zu überziehen.

Unter den Darstellungen von Tieren überwiegen in Gönnersdorf vor allem Wildpferde (74 Motive) und Mammute (61 Motive). Wesentlich seltener wurden Fellnashörner und Hirsche abgebildet. Nur je einmal sind Elch (oder Saiga-Antilope), Auerochse, Wisent, Wolf und Höhlenlöwe (ohne Kopf) dargestellt. Andere Motive zeigen Fische, Vögel (Wasservögel), Schneehuhn, Kolkrabe und Robben. All diese Tiergravierungen wirken sehr realistisch. Die größte von ihnen ist ein 50 Zentimeter erreichendes Wildpferd.

Die Frauendarstellungen von Gönnersdorf wurden stets nach einem einheitlichen Schema gestaltet. Sie sind in strenger Profilansicht mit nur einem Arm und einer Brust sowie mit auffällig betontem Gesäß abgebildet. Der Kopf ist niemals zu sehen. Auch die Füße fehlen fast immer. Die jungen Mädchen oder Frauen befinden sich in der Halbhocke oder sogar im Sprung. Nicht selten sind die Frauenfiguren hintereinander aufge-reiht. Oder man kann zwei einander zugewandte Frauen erkennen.

Es gibt bisher keine Erklärung dafür, weshalb man in Gönnersdorf so viele Frauen – und fast keine Männer – in die Schieferplatten eingravierte. Um Männer scheint es sich lediglich bei einigen Gestalten mit behaarten Beinen zu handeln. Vielleicht sollen auch einige fratzenartige Gesichter mit großen Augen und vorspringender Mund- und Nasenpartie Männer sen. Solche

fratzenhaften Gesichter entdeckte man außerhalb Deutschlands auch in Frankreich und Spanien.
Neben Tier- und Menschendarstellungen fand man in Gönnersdorf einige auf den ersten Blick rätselhaft aussehende Zeichen. Diese Kreise, Ovale und Dreiecke sind häufig mit einem Strich versehen. Da eine andere Gravierung eine Vulva mit eingeführtem Penis zeigt, könnte es sich bei den Kreisen, Ovalen und Dreiecken mit einem Strich um eine abstrakte Version der Vereinigung zwischen Mann und Frau handeln.
Erotische Motive aus dem Magdalénien hat man außerdem in der Freilandsiedlung Oelknitz (Kreis Jena) in Thüringen entdeckt. Zwei 19 und 10,7 Zentimeter lange Gerölle, eines davon mit deutlichen Bearbeitungsspuren, besitzen die Form eines Phallus. Ein rechteckiger Sandsteinblock von 48 Zentimeter Länge wurde mit der Gravierung einer 5,5 Zentimeter großen Vulva versehen.
Gravierungen auf Steinplatten kennt man außerdem aus Andernach (Rheinland-Pfalz), der Hohlensteinhöhle (Bayern), Groitzsch (Sachsen) umd Saaleck (Sachsen-Anhalt). Auf dem Martinsberg in Andernach (Kreis Mayen-Koblenz) kamen Schieferplatten mit einer schematisierten Frauendarstellung, mit Pferdekopf (zwei Funde) und Hinterbeinen eines Wildpferdes (ein Fund) zum Vorschein. Diese Platten dienten – wie in Gönnersdorf – als Fußbogenbelag. In der Hohlensteinhöhle bei Ederheim (Kreis Donau-Ries) wurden Teile einer Kalksteinplatte entdeckt, auf der neben Wildpferdmotiven sechs schematisierte Frauen erkennbar sind. Auf dem Freilandplätzen Groitzsch-Nord (Kreis Eilenburg) und Saaleck (Kreis Naumburg) fand man Schieferplatten mit Wildpferd-motiven. Kommaförmige Einschnitte an der Halslinie der Wildpferde werden als magische Tötungsmarken und somit als Beleg für Jagdzauber gedeutet.

Gravierungen auf Geröllen konnte man in Baden-Württemberg (Felsställe) und Nordrhein-Westfalen (Balver Höhle) nachweisen. In der Halbhöhle Felsställe bei Mühlen (Alb-Donau-Kreis) kam bei Ausgrabungen ein durch Feuer-einwirkung zersprungenes Kalksteingeröll ans Tageslicht, in das eine kopf- und fußlose Frau eingeritzt ist. Ein in der Balver Höhle bei Balve (Märkischer Kreis) aufgelesenes Tonschiefergeröll weist einen Pferdkopf auf. An der Echtheit dieses Fundes wurden jedoch verschiedentlich Zweifel geäußert.
Gravierungen auf Tierknochen sind nur vom Petersfels bei Engen-Bittelbrunn (Kreis Konstanz) in Baden-Württemberg bekannt. Darunter befinden sich die Darstellung eines Rentieres, mehrerer Pferdeköpfe, eines armleuchterartigen Motives und einiger nicht deutbarer Zeichen sowie mehr oder weniger paralleler Liniengruppen.
Gravierungen auf Geweih fand man in Baden-Württemberg (Petersfels, Schussenquelle) und in Thüringen (Kniegrotte). Am Petersfels kamen besonders reiche Funde zum Vorschein. Ein Geweihmeißel trägt die Darstellung eines Wildpferdes, ein anderer die eines Rentieres. In einen Geweihspan sind sogar sechs nach links gerichtete Pferdeköpfe hintereinander aufgereiht. Ein Geweihstab unbekannter Funktion trägt Gravierungen fischähnlicher Tiere. Mehrere Lochstäbe zeigen Wildpferd-, Rentier- und Fischdarstellungen sowie geometrische Verzierungen. In einem Fall sind zwei einander folgende Rentiere zu sehen. Zu den am frühesten in Deutschland entdeckten Kunstwerken aus dem Magdalénien gehört ein 1860 an der Schussenquelle bei Schussenried (Kreis Biberach) entdecktes Geweihstück mit einem schwer deutbaren fackel- oder buschartigen Motiv. Der Ausgräber, der Stuttgarter Geologe Oskar Fraas (1821–1897), erblickte darin Rüben oder Rettiche und Zwiebeln. In der Kniegrotte bei Döbritz (Kreis

Pößneck) barg man eine in der Längsrichtung durchbohrte Rengeweihstange mit Gravierungen eines Wildpferdes und – was ganz selten ist – eines Fellnashorns. Von dem Nashorn wurde nur ein Teil der Konturen des Rückens und des Kopfes wiedergegeben. Besonders betont hat man die Hörner, die gefährlichsten Waffen dieses Tieres. Vermutlich wollte der Künstler dadurch den Abwehrcharakter verstärken. Vielleicht gehörte dieser Fund einem Zauberer, der damit Krankheitsgeister vertreiben wollte. Aus der Kniegrotte kennt man außerdem einen Geweihmeißel mit Wildpferdgravierung.
Gravierungen auf Mammutelfenbein sind in Deutschland ebenfalls sehr selten. Der einzige Fund stammt aus der Oberen Klause bei Essing (Kreis Kelheim) in Bayern. Dabei handelt es sich um ein gebogenes, vom Stoßzahn eines Mammuts abgeplatztes Elfenbeinstück, in das Mammute eingraviert wurden. – also jene Tierart, von der das Stück herrührt.
Schnitzereien aus fossilem Holz fand man bisher ausschließlich in Baden-Württemberg (Petersfels, Kleine Scheuer, Hohler Fels/Schelklingen). Am Petersfels bei Engen-Bittelbrunn wurden neben Kunstwerken aus anderen Materialien etliche Schnitzereien aus Gagat entdeckt. Dazu gehört beispielsweise eine quer durchbohrte Tierdarstellung, die ihrem Besitzer wohl als Anhänger diente. Das Motiv wird von den Experten als kleiner Käfer, aber auch als Igel gedeutet. Durchbohrt waren mit einer Ausnahme auch mehr als Dutzend Frauenfiguren aus fossilem Holz. Bei ihnen ist jeweils das Gesäß stark betont. Die Leistenregion hat man durch eine Einziehung auf der Vorder- und Rückseite markiert. Hinter der Knieregion liegt ein deutlicher Knick. Von diesen Figuren unterscheidet sich eine anders geformte Frauenstatuette aus Gagat, bei der auch der Kopf und die Brüste dargestellt sind. Dagegen fehlt hier das ausladende Gesäß. Nur eine einzige Schnitzerei aus Gagat

konnte man in der Höhle Kleine Scheuer im Rosenstein von Heubach (Ostalbkreis) bergen. Sie wird als Larve einer Rentier-Dasselfliege betrachtet.
Schnitzereien aus Geweih entdeckte man in Baden-Württemberg (Petersfels), Bayern (Mittlere Klause), Rheinland-Pfalz (Andernach) und Hessen (Steeden). Am bereits erwähnten Petersfels wurde die stilisierte Frauenfigur ohne Kopf und Füße gefunden. Aus der Mittleren Klause bei Essing (Kreis Kelheim) stammt ein 42 Zentimeter langer Lochstab aus Geweih mit einem seltsamen Halbrelief. Es stellt ein Tier mit den Hörnern eines Rindes, einem Geweih und einem dreiteiligen Bart vor. Auf dem Martinsberg in Andernach wurde ein 10,5 Zentimeter hoher, aus Rentiergeweih geschnitzter Vogel geborgen. Und in Steeden an der Lahn (Kreis Limburg-Weilburg) stieß man vermutlich auf die Darstellung eines Fischkopfes.
Nach den Funden zu schließen, waren Schnitzereien aus Mammutelfenbein im Magdalénien nicht selten. Es handelt sich fast ausschließlich um Frauenfiguren. Solche Kunstwerke kamen in Rheinland-Pfalz (Andernach) und in Thüringen (Bärenkeller, Kniegrotte, Nebra, Oelknitz) zum Vorschein. Die auf dem Martinsberg in Andernach siedelnden Magdalénien-Leute hinterließen eine mehr als 20 Zentimeter hohe, stark schematisierte Frauenfigur. Sie ist am Oberkörper durch ein Winkelmuster verziert, wie es von den ukrainischen Fundstellen Mezin und Meziric bekannt ist. Dies deutet auf Kontakte zwischen Mittel- und Osteuropa hin. In der Höhle Bärenkeller bei Königssee (Kreis Rudolstadt) wurde eine 7,5 Zentimter große Frauenfigur geborgen. In der Kniegrotte bie Döbritz (Kreis Pößneck) kamen zwei menschengestaltige Elfenbeinstäbe sowie ein Elfenbeinplättchen in der Form einer menschlichen Fußsohle zum Vorschein. Dieses auch als „magische Hand" beschriebene, 4,2 Zentimeter lange und 0,5 Zentimeter dicke

*Vermeintliche rostbraune Ritzzeichnungen
von einem Acker bei Mainz-Kostheim.
Foto: Ernst Probst, Mainz-Kostheim*

Elfenbeinplättchen könnte vielleicht bei Kulthandlungen eine Rolle gespielt haben. Innerhalb der Freilandsiedlung auf dem Geländesporn „Altenburg" bei Nebra entdeckte man zwei nur wenige Zentimeter große Frauenfiguren ohne Kopf und Füße. Zwei Frauenfiguren gehören auch zum Fundgut aus der Freilandsiedlung Oelknitz (Kreis Jena).
Zum Kreis der schematisierten Frauenfiguren aus dem Magdalénien wird auch ein Fund aus Weiler bei Bingen (Kreis Mainz-Bingen) in Rheinland-Pfalz gerechnet. Dieses Stück ist aus Achat – einem in der Umgebung von Idar-Oberstein vorkommendem Halbedelstein – angefertigt. Es wurde durch Schläge mit einem Stichel und Retusche des Randes geformt.
Einige der künstlerischen Darstellungen aus dem Magdalénien in Deutschland liefern Hinweise dafür, dass zum Leben dieser Menschen auch Musik und Tanz gehörten. So sind aus Gönnersdorf Gravierungen auf Schieferplatten bekannt, die offenbar Tanzszenen zeigen. Zwei Reihen vermutlich tanzender Frauen stellte man auf vier Fragmenten eines Knochenspans vom Petersfels fest. Vielleicht ist bei diesen Tänzen der Rhythmus durch Händeklatschen oder Knochenpfeifen – angegeben worden.
Ab 2001 suchte der Wissenschaftsautor Ernst Probst bei Radtouren zwischen seinem Wohnort Kostheim und dem Nachbarort Hochheim einige Äcker nach vorgeschichtlichen Funden ab. Auf einem abgeernteten Feld mit erstaunlich vielen Steinen entdeckte er drei Gerölle, die seine besonders Aufmerksamkeit erregten. Auf diesen Steinen glaubte er rostbraune Ritzzeichnungen mit Motiven aus dem Magdalénien zu erkennen, wie sie aus Gönnersdorf (Kreis Neuwied) bekannt waren. Ein etwa 12 Zentimeter langes Geröll beispielsweise schien eine stilisierte Frau ohne Kopf, einen kleinen Vogel, einen größeren Vogelkopf sowie den Kopf eines großen

*Vermeintliche rostbraune Ritzzeichnungen
von einem Acker bei Mainz-Kostheim.
Fotos: Ernst Probst, Mainz-Kostheim*

Säugetieres zu zeigen. Auch auf den beiden anderen Geröllen waren rostbraune Gebilde zu sehen, die man mit viel Phantasie als von Menschenhand erzeugt deuten konnte. Auf eine Anfrage des Entdeckers beim Koblenzer Steinzeit-Experten Axel von Berg kam schnell eine enttäuschende Antwort. Die vermeintlichen rostbraunen Ritzzeichnungen waren durch landwirtschaftliche Geräte erzeugt worden und nicht durch einen altsteinzeitlichen Künstler.
Auch das Magdalénien wird zu den Klingen-Industrien gerechnet, zu denen zuvor bereits das Aurignacien und das Gravettien gehört haben. Besonders typische Steinwerkzeuge waren Kratzer, Bohrer, Klingen mit abgestumpftem Rücken und Stichel. Die Klingen mit abgestumpftem Rücken waren einseitig scharf und auf der anderen Seite zum Schäften im Holz stumpf.
Steinwerkzeuge aus dem Magdalénien wurden in Deutschland an Hunderten von Fundorten entdeckt. Diese Höhlen, Halbhöhlen, Freilandsiedlungen, Raststellen und Steinschlagplätze können hier verständlicherweise nicht vollständig aufgelistet werden. Der Rohstoff für die Steinwerkzeuge stammt manchmal aus mehr als hundert Kilometer enfernten Gebieten. Beispielsweise ist ein Teil der Steinwerkzeuge von Gönnersdorf aus Feuerstein angefertigt, dessen nächste Vorkommen in etwa 120 Kilometer Luftlinie bei Krefeld und Duisburg liegen.
Aus Tierknochen, Geweih und Mammutelfenbein wurden Lochstäbe hergestellt, mit deren Hilfe vermutlich Holzschäfte oder Geweihspäne über Wasserdampf gebogen werden konnten. Früher betrachtete man die Lochstäbe als Rangabzeichen von Häuptlingen und nannte sie daher „Kommandostäbe". Solche Lochstäbe hat man oft sorgfältig nit Tiermotiven geschmückt.

Obwohl es Vorläufer aus der Geißenklösterlehöhle gab, gelten Nähnadeln mit Öhr als Erfindung der Magdalénien-Leute. Diese Nadeln schuf man aus Tierknochen, Geweih und Mammutelfenbein. Allein am Petersfels wurden Fragmente von etwa 2.000 Nadeln entdeckt, die man aus Knochen von Schneehasen angefertigt hat. Mit Hilfe derartiger Nadeln nähte man Kleidungsstücke oder Zeltbahnen zusammen.
Auch bei der Herstellung von Waffen dienten Tierknochen, Geweih und Mammutelfenbein als Rohstoffe. Aus diesen Materialien fertigte man Speerspitzen, Speerschleudern und Harpunen an.
Die Magdalénien-Leute haben ihre Toten in gestreckter Rückenlage, als Hocker mit zum Körper hin angezogenen Beinen oder in Form von Schädelbestattungen in Höhlen oder im Freiland beigesetzt. Manchmal zeigen die Bestattungen aus dieser Zeit, dass sie äußerst liebevoll vorgenommen wurden. Mitunter spiegeln sie aber auch archaische Bräuche wider.
Umstritten sind die magdalénienzeitlichen Skelettreste des Mannes aus der Mittleren Klause bei Essing in Bayern. Der Tübinger Anthropologe Wilhelm Gieseler (1900–1976) deutete die von ihm an vielen dieser Knochen beobachteten Stichverletzungen, Kratz- und Schlagspuren als Hinweise auf Leichenzerstückelung und rituell motivierten Kannibalismus. Andere Experten hegen daran starke Zweifel. Erwähnenswert ist noch, dass über und unter dem Kopf des Skelettes mehrere Stücke zerbrochener Mammutstoßzähne lagen.
Aus Frankreich kennt man einzeln abgetrennte und in Höhlen bestattete menschliche Schädel aus dem Magdalénien. Je eine Kopfbestattung kamen in der Grotte des Hommes bei Arcy-sur-Cure (Département Yonne) und in der Grotte du Placard (Département Charente) östlich von Angouleme zum Vorschein.

Die seltsam anmutenden Bestattungen waren Teil der religiösen Vorstellungswelt der Magdalénien-Leute. Bei den Kopfbestattungen ging es vermutlich darum, den wichtigsten Teil des Verstorbenen zu erhalten. Vielleicht gedachte man bei bestimmten Anlässen in Höhlen mit Kopfbestattungen der Verstorbenen. Auch der uns heute so grauenhaft erscheinende Kannibalismus war womöglich nur Ausdruck des Bestrebens, einen vertrauten Menschen in sich aufzunehmen oder sich besonderer Fähigkeiten zu bemächtigen.

Einige Höhlenmalereien aus dem Magdalénien in Frankreich zeigen menschenähnliche Gestalten mit tierischen Attributen, die von den Prähistorikern als Zauberer oder Götter betrachtet werden. In der Gallibou-Höhle (Dordogne) ist ein solcher Zauberer mit einer Wisentmaske dargestellt. Aus der Höhle Les Trois Frères (Ariege) kennt man sogar drei mischgestaltige Wesen. Das bekannteste davon trägt ein mächtiges hirschähnliches Geweih, eine Hirschmaske mit langem Bart, ein Fell mit Schwanz, einen tierischen Penis sowie menschliche Beine und befindet sich in springender Haltung. Ein anderes hat eine Wisentmaske, ein rätselhaftes bogenartiges Gebilde vor dem Maul, ein Wisentfell mit Schwanz, einen erigierten Penis und menschliche Beine. Beim dritten Motiv entspricht der aufgerichtete Unterleib einschließlich des Geschlechts-organs dem Menschen, der Oberkörper dagegen dem eines zurückblickenden Wisents.

Ähnlich merkwürdige Gestalten wurden in einen Lochstab eingraviert, der in der Höhle Teyat (Dordogne) zum Vorschein kam. Nämlich drei Gestalten mit menschlichen Beinen, die voluminöse, behaarte Oberkörper mit gämsenartigen Köpfen tragen.

Unter den in Deutschland entdeckten Kunstwerken hat man bisher keine eindeutigen Darstellungen ähnlicher Mischwesen erkannt. Vielleicht handelte es sich aber bei einigen Gravierungen auf den Schieferplatten von Gönnersdorf, die Köpfe mit ungewöhnlich großen Augen und merkwürdig vorspringender Nasen-Mund-Partie zeigen, um Teile solcher Mischwesen. Auch die überlangen Haare an den Beinen einiger mutmaßlich männlicher zweibeiniger Wesen wirken wie tierische Attribute an einem ansonsten menschlichen Unterleib. Wie dem auch sei, es lässt sich nicht leugnen, dass rätselhafte Mischwesen in der Vorstellungswelt der Menschen im Magdalénien einen festen Platz hatten. Vermutlich verkörperten sie, wie zuvor schon im Aurignacien und Gravettien, mit übernatürlichen Kräften ausgestattete Wesen. Daher schlüpften auch die Zauberer bei bestimmten Gelegenheiten in eine Verkleidung, zu der Geweihe, Tierfelle und -schwänze gehörten. Man kann sich gut vorstellen, wie sie auf diese Weise vermummt ekstatische Tänze am nächtlichen Lagerfeuer aufführten und damit die Zuschauer in ihren Bann schlugen.

Als Heiligtümer dienten damals vor allem die seit jeher auf Menschen etwas unheimlich wirkenden dunklen Höhlen. In ihnen wurden vermutlich die Jugendlichen in den Kreis der Erwachsenen aufgenommen. Indizien für solche Initiationsriten sind vielleicht die von nackten Füßen stammenden Spuren von Jugendlichen in einigen französischen Höhlen wie Montespan, Niaux, Pech-Merle und Tuc d'Audobert. In letzterer Höhle hatte ein Jugendlicher etwa 700 Meter vom Eingang entfernt vor zwei aus Lehm modellierten Bisons etwa 50 Fersenabdrücke hinterlassen. Sie lagen stellenweise dicht beieinander und werden deswegen als Spuren eines Tanzes gedeutet.

Solche Kulthöhlen – wenngleich ohne Fußspuren – gab es im Magdalénien auch in Deutschland. Dem Kult diente beispielsweise der hintere Teil der Höhle Bärenkeller bei Königssee-Garsitz in Thüringen. Etwa 15 Meter vom Eingang dieser ungemütlichen, ungesunden und nassen Höhle entfernt und 8 Meter tiefer gelegen standen an kleinen Feuerstellen lange, spitze Stäbe aus Geweih und Mammutelfenbein sowie eine kleine stilisierte Frauenfigur aus Elfenbein. Der Ausgräber Rudolf Feustel (1925–2018) aus Weimar vermutet, dass auf die Stäbe Fleischstücke gespießt und der „Mutter der Tere" geopfert wurden. Auf diese Weise sollte die Gottheit gnädig gestimmt werden, den Opfernden reiche Jagdbeute sichern, die Tierherden vermehren und die Menschen vor Unheil bewahren. Mit dem Kult stand vielleicht auch ein Tonschiefergeröll aus der Höhle Teufelsbrücke auf dem Gleitsch (Kreis Saalfeld) in Thüringen in Verbindung. Es zeigt neben Wildpferden, einem Mammut und einem Vogel eine stilisierte Frauenfigur sowie seltsame menschliche Gestalten mit rechteckigem Körper, flossenartigen Armen und Händen mit Fingern. Die zuletzt genannten Gestalten wurden unter anderem als Darstellungen von Gottheiten gedeutet.

Als eindrucksvolles Beispiel einer Kultstätte im Freiland gilt das im Nordosten der Siedlung Oelknitz (Kreis Jena) in Thüringen liegende „sakrale Zentrum" von etwa fünf Meter Durchmesser. Um dieses gruppierten sich im Halbkreis drei Behausungen und ein kleineres Zelt. Im östlichen Teil stand die bereits erwähnte, 48 Zentimeter hohe Sandsteinstele, auf der ein 5,5 Zentimeter großes Vulvazeichen eingemeißelt ist. Sie war nach Westen orientiert. Eine zweite, 53 Zentimeter hohe Sandsteinstele im nördlichen Teil der Kultstätte war mit einem andersartigen weiblichen Geschlechtssymbol versehen und nach Osten ausgerichtet. Eine in den Boden eingetiefte Feuerstelle wurde teilweise von Steinen umrahmt, von denen einer eine auf dem Kopf stehende Wildpferdgravierung trug. Am Rand der Kultstätte lag eine kleine, aus Mammutelfenbein geschnitzte stilisierte Frauenfigur. Weitere drei solcher Frauen-

*Eiszeitliche Malerei aus dem Magdalénien
in der Höhle von Lascaux im Tal der Vézère bei Montignac
im französischen Departement Dordogne.
Foto: Prof saxx (via Wikimedia Commons),
Lizenz: gemeinfrei (Public domain)*

figuren kamen aus Gruben im Bereich der Wohnzelte zum Vorschein. Auf dem Areal der Kultstätte fand man außerdem viele Rötelstücke, mit denen verschiedene Gegenstände bemalt worden sein dürften. Die meist nur wenige Zentimeter großen geschnitzten Frauenfiguren aus Deutschland von den Fundorten Petersfels, Andernach, Gönnersdorf und Oeolknitz hatten vielleicht eien bislang unbekannte Funktion im Kult der Magdalénien-Leute. Manche Prähistoriker deuten sie als sexuelle Amulette, die persönlicher Besitz der Männer gewesen sein sollen. Andere Autoren meinen, die häufige Darstellung von Frauen gebe einen Hinweis auf deren hohe gesellschaftliche Stellung und betone die wichtige Rolle als Frau und Mutter. Letztere Auffassung steht im Einklang mit der Vermutung, dass die Jägergemeinschaften des Magdalénien ebenso wie die des Aurignacien und Gravettien mutterrechtlich organisiert gewesen seien. Eine solche Dominanz der Frauen ist allerdings angesichts der großen Bedeutung, welche die durch Männer ausgeübte Jagd damals hatte, schlecht vorstellbar.

Autor Ernst Probst.
Foto: Klaus Benz, Mainz-Laubenheim

Der Autor

Ernst Probst, geboren am 20. Januar 1946 in Neunburg vorm Wald im bayerischen Regierungsbezirk Oberpfalz, ist Journalist und Wissenschaftsautor. Er arbeitete von 1968 bis 1971 bei den „Nürnberger Nachrichten", von 1971 bis 1973 in der Zentralredaktion des „Ring Nordbayerischer Tageszeitungen" in Bayreuth und von 1973 bis 2001 bei der „Allgemeinen Zeitung", Mainz. In seiner Freizeit schrieb er Artikel für die „Frankfurter Allgemeine Zeitung", „Süddeutsche Zeitung", „Die Welt", „Frankfurter Rundschau", „Neue Zürcher Zeitung", „Tages-Anzeiger", Zürich, „Salzburger Nachrichten", „Die Zeit", „Rheinischer Merkur", „Deutsches Allgemeines Sonntagsblatt", „bild der wissenschaft", „kosmos", „Deutsche Presse-Agentur" (dpa), „Associated Press" (AP) und den „Deutschen Forschungsdienst" (df). Aus seiner Feder stammen die Bücher „Deutschland in der Urzeit" (1986), „Deutschland in der Steinzeit" (1991), „Rekorde der Urzeit" (1992), „Dinosaurier in Deutschland" (1993 zusammen mit Raymund Windolf) und „Deutschland in der Bronzezeit" (1996). Von 2001 bis 2006 betätigte sich Ernst Probst als Buchverleger sowie zeitweise als internationaler Fossilienhändler und Antiquitätenhändler. Insgesamt veröffentlichte er mehr als 300 Bücher, Taschenbücher, Broschüren und über 300 E-Books.

Bücher von Ernst Probst

(Auswahl)

Als Mainz noch nicht am Rhein lag
Archaeopteryx. Die Urvögel in Bayern
Christl-Marie Schultes. Die erste Fliegerin in Bayern
(zusammen mit Theo Lederer)
Der Europäische Jaguar
Der Mosbacher Löwe. Die riesige Raubkatze aus Wiesbaden
Der Rhein-Elefant. Das Schreckenstier von Eppelsheim
Der Schwarze Peter. Ein Räuber im Hunsrück und Odenwald
Der Ur-Rhein. Rheinhessen vor zehn Millionen Jahren
Deutschland im Eiszeitalter
Deutschland in der Frühbronzezeit
Deutschland in der Mittelbronzezeit
Deutschland in der Spätbronzezeit
Die Aunjetitzer Kultur in Deutschland
Die Straubinger Kultur in Deutschland
Die Singener Gruppe
Die Arbon-Kultur in Deutschland
Die Ries-Gruppe und die Neckar-Gruppe
Die Adlerberg-Kultur
Der Sögel-Wohlde-Kreis
Die nordische Bronzezeit in Deutschland
Die Hügelgräber-Kultur in Deutschland
Die ältere Bronzezeit in Nordrhein-Westfalen
Die Bronzezeit in der Lüneburger Heide
Die Stader Gruppe

Die Oldenburg-emsländische Gruppe
Die Urnenfelder-Kultur in Deutschland
Die ältere Niederrheinische Grabhügel-Kultur
Die Unstrut-Gruppe
Die Helmsdorfer Gruppe
Die Saalemündungs-Gruppe
Die Lausitzer Kultur in Deutschland
Die Dolchzahnkatze Megantereon
Die Dolchzahnkatze Smilodon
Die Säbelzahnkatze Homotherium
Die Säbelzahnkatze Machairodus
Die Schweiz in der Frühbronzezeit
Die Rhône-Kultur in der Westschweiz
Die Arbon-Kultur in der Schweiz
Die Schweiz in der Mittelbronzezeit
Die Schweiz in der Spätbronzezeit
Dinosaurier von A bis K. Von Abelisaurus bis zu Kritosaurus
Dinosaurier von L bis Z. Von Labocania bis zu Zupaysaurus
Der rätselhafte Spinosaurus. Leben und Werk des Forschers Ernst Stromer von Reichenbach
Eiszeitliche Geparde in Deutschland
Eiszeitliche Leoparden in Deutschland
Frauen im Weltall
Hildegard von Bingen. Die deutsche Prophetin
Höhlenlöwen. Raubkatzen im Eiszeitalter
Julchen Blasius. Die Räuberbraut des Schinderhannes
Johann Jakob Kaup. Der große Naturforscher aus Darmstadt
Königinnen der Lüfte
Königinnen der Lüfte in Deutschland
Königinnen der Lüfte in Europa
Königinnen der Lüfte in Frankreich

Königinnen der Lüfte in England und Australien
Königinnen der Lüfte in Amerika
Königinnen der Lüfte von A bis Z
Königinnen des Tanzes
Malende Superfrauen
Meine Worte sind wie die Sterne Die Entstehung der Rede des Häuptlings Seattle (zusammen mit Sonja Probst, verheiratete Werner)
Monstern auf der Spur. Wie die Sagen über Drachen, Riesen und Einhörner entstanden
Neues vom Ur-Rhein. Interview mit dem Geologen und Paläontologen Dr. Jens Sommer
Österreich in der Frühbronzezeit
Österreich in der Mittelbronzezeit
Österreich in der Spätbronzezeit
Pompadour und Dubarry. Die Mätressen von Louis XV.
Raub-Dinosaurier von A bis Z. Mit Zeichnungen von Dmitry Bogdanav und Nobu Tamura
Rekorde der Urmenschen. Erfindungen, Kunst und Religion
Rekorde der Urzeit. Landschaften, Pflanzen und Tiere
Säbelzahnkatzen. Von Machairodus bis zu Smilodon
Säbelzahntiger am Ur-Rhein. Machairodus und Paramachairodus
Superfrauen aus dem Wilden Westen
Superfrauen 1 – Geschichte
Superfrauen 2 – Religion
Superfrauen 3 – Politik
Superfrauen 4 – Wirtschaft und Verkehr
Superfrauen 5 – Wissenschaft
Superfrauen 6 – Medizin
Superfrauen 7 – Film und Theater
Superfrauen 8 – Literatur

Superfrauen 9 – Malerei und Fotografie
Superfrauen 10 – Musik und Tanz
Superfrauen 11 – Feminismus und Familie
Superfrauen 12 – Sport
Superfrauen 13 – Mode und Kosmetik
Superfrauen 14 – Medien und Astrologie
Tony und Bruno Werntgen. Zwei Leben für die Luftfahrt (zusammen mit Paul Wirtz)
Was ist ein Menhir? Interview mit dem Mainzer Archäologen Dr. Detert Zylmann
Wer ist der kleinste Dinosaurier? Interviews mit dem Wissenschaftsautor Ernst Probst
Wer war der Stammvater der Insekten? Interview mit dem Stuttgarter Biologen und Paläontologen Dr. Günther Bechly
Kastel in der Vorzeit. Von der Jungsteinzeit
bis Christi Geburt
Wiesbaden in der Steinzeit. Von Eiszeit-Jägern bis zu frühen Bauern
Die Altsteinzeit. Eine Periode der Steinzeit in Europa vor etwa 1.000.000 bis 10.000 Jahren
Anno 1.000.000. Deutschland in der älteren Altsteinzeit
Die Altsteinzeit in Österreich. Jäger und Sammler vor 250.000 bis 10.000 Jahren
Das Moustérien in Österreich. Eine Kulturstufe der Altsteinzeit
Das Aurignacien. Eine Kulturstufe der Altsteinzeit vor etwa 35.000 bis 29.000 Jahren
Das Aurignacien in Österreich
Das Gravettien. Eine Kulturstufe der Altsteinzeit vor etwa 28.000 bis 21.000 Jahren
Das Gravettien in Österreich

Das Magdalénien. Die Blütezeit der Rentierjäger vor etwa
15.000 bis 11.500 Jahren
Das Magdalénien in Österreich
Die Hamburger Kultur. Eine Kulturstufe der Altsteinzeit
vor etwa 15.000 bis 14.000 Jahren
Die Federmesser-Gruppe. Eine Kulturstufe der Altsteinzeit
vor etwa 12.000 bis 10.700 Jahren
Die Mittelsteinzeit. Eine Periode der Steinzeit vor etwa 8.000
bis 5.000 v. Chr.
Die Mittelsteinzeit in Baden-Württemberg
Die Mittelsteinzeit in Bayern
Die Mittelsteinzeit in Nordrhein-Westfalen
Die Jungsteinzeit. Eine Periode der Steinzeit vor etwa 5.500
bis 2.300 v. Chr.
Die Ertebölle-Ellerbek-Kultur. Eine Kultur der Jungsteinzeit
vor etwa 5.000 bis 4.300 v. Chr.
Die Stichbandkeramik. Eine Kultur der Jungsteinzeit vor
etwa 4.900 bis 4.500 v. Chr.
Die Oberlauterbacher Gruppe. Eine Kulturstufe der
Jungsteinzeit vor etwa 4.900 bis 4.500 v. Chr.
Die Hinkelstein-Gruppe. Eine Kulturstufe der Jungsteinzeit
vor etwa 4.900 bis 4.800 v. Chr.
Die Rössener Kultur. Eine Kultur der Jungsteinzeit vor etwa
4.600 bis 4.300 v. Chr.
Die Michelsberger Kultur. Eine Kultur der Jungsteinzeit vor
etwa 4.300 bis 3.500 v. Chr.
Die Baalberger Kultur. Eine Kultur der Jungsteinzeit vor
etwa 4.300 bis 3.700 v. Chr.
Die Salzmünder Kultur. Eine Kultur der Jungsteinzeit vor
etwa 3.700 bis 3.200 v. Chr.

Die Wartberg-Kultur. Eine Kultur der Jungsteinzeit vor etwa 3.500 bis 2.800 v. Chr.
Die Walternienburg-Bernburger Kultur. Eine Kultur der Jungsteinzeit vor etwa 3.200 bis 2.800 v. Chr.
Die Kugelamphoren-Kultur. Eine Kultur der Jungsteinzeit vor etwa 3.100 bis 2.700 v. Chr.
Die Glockenbecher-Kultur. Eine Kultur der Jungsteinzeit vor etwa 2.500 bis 2.200 v. Chr.

www.ingramcontent.com/pod-product-compliance
Lightning Source LLC
Chambersburg PA
CBHW040244220526
45473CB00001B/363